キャラクター しょうかい

野原 ひろし
しんちゃんの お父さん。

野原 みさえ
しんちゃんの お母さん。

野原 ひまわり
しんちゃんの 妹。

シロ
しんちゃんの あい犬。

野原一家

野原 しんのすけ
お気楽な 5才の 男の子。
みんなから 「しんちゃん」と よばれて いる。
きれいな おねいさんと チョコビが 大すき。

園長先生

よしなが先生

まつざか先生

あげお先生

ようち園の 友だちと 先生

あいちゃん
しんちゃんに こいする おじょうさま。

黒磯
あいちゃんの ボディーガード。

ボーちゃん
石あつめが しゅみ。

マサオくん
ちょっぴり なき虫。

風間くん
べん強が とくい。

ネネちゃん
リアルおままごとが 大すき。

アクション仮面
しんちゃんが あこがれる ヒーロー。

埼玉べにさそりたい
スケバン女子高生 3人ぐみ。
本当は いい人。

カンタムロボ
しんちゃんが すきな アニメの しゅ人公。

ぶりぶりざえもん
しんちゃんが つくった せいぎ(?)の ヒーロー。

この ドリルの つかい方

学しゅうの ながれ

1 「どうにゅうまんが」を 読む!

2 「計算れんしゅうページ」に とり組む!

3 「計算パズル」「おさらいテスト」で ふくしゅう!

4 「かくにんテスト」で たしかめ!

1 どうにゅうまんが

その たん元で 学ぶ 計算を つかった、 楽しい オリジナルまんがだよ。

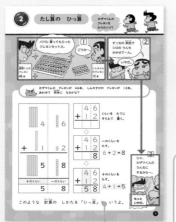

まんがは 左から 右へ そして、 下へ 読もう。

ここで せつ明した ことを れんしゅう するよ。

2 計算れんしゅうページ

とり組んだ 日にちと 曜日を 書こう。

計算して 答えを 書こう。

「クレヨンしんちゃん」 キャラクターの はげましの(?) ことばだよ。

ページの 学しゅうが おわったら、 「ぶりぶりシール」を ここに はろう!

計算の 学しゅうが どれだけ すすんだかを しめす 「がんばりメーター」だよ。 三角じるしが 右へ いくほど すすんで いるよ。

3 計算パズル・おさらいテスト

たん元ごとに パズルや テストで 計算の おさらいを しよう。

4 かくにんテスト

2年生の 計算の たしかめテストだよ。

おうちの方へ

● お子さんが学習を終えたら、巻末の「こたえのページ」を参照のうえ、丸つけをしてください。

● 「おさらいテスト」に取り組む際は、ページ下部の「みさえの声かけアドバイス」を参考に、お子さんに声をかけてください。

● 各キャラクターのセリフや言い回しは、原作まんがに準じた表現としています。

ふくしゅうは
たいへんだゾ!

①
カザマくん、
何 やってるの?

今までの
復習だよ。

②
…で、アニキは
だれに 復習を?

ワシより テストの
点数が よかった、同じ
じゅくの アイツを…。

③
…て、ちがう!! てきに やり返す
"復讐" じゃなくて、
学んだ ことを やり直す "復習"!

ガラ

④
復讐と いえば、
あいの ドロドロげきね!!

だから…そっちの
復讐じゃなくて…。

⑤
今回の リアルおままごとは
恋の さんかくかんけいに
しましょう!!

だいほん
恋のさんかく
かんけい
ネネ

⑥
ひょおおお

すでに いない

⑦
あいつら…
おぼえて
らっしゃい!!

⑧
そうだ…この 台本に
ネネの 怒りを 込めて、
さらに ドロドロとした
お話に…、うふふふ。

かきかき

⑨
あら、お二人さん
ちょうど いい ところに♪

ギクッ

1年生の　ふくしゅう①

たし算と　ひき算の　ふくしゅうを　するのだ!

● たし算

① 5 + 3 = $\boxed{8}$

5と　3を　あわせる

①7は　あと　3で　10に　なる。
②だから、4を　3と　1に　分ける。
③10と　1で　11と　なる。

② 7 + 4 = $\boxed{11}$

● ひき算

① 6 - 2 = $\boxed{4}$

6から　2を　とる

①12を　2と　10に　分ける。
②10から　4を　ひくと　6。
③2と　6で　8と　なる。

② 12 - 4 = $\boxed{8}$

1　つぎの　計算を　しましょう。

① 6 + 3 = $\boxed{}$　　② 8 + 7 = $\boxed{}$

③ 9 - 5 = $\boxed{}$　　④ 16 - 9 = $\boxed{}$

家て　練習すれば　できるように　なる。

おわったら
ぶりぶり
シールを
はろう

1年生の ふくしゅう②

① つぎの たし算を しましょう。

① 3 + 8 = ☐　　② 8 + 0 = ☐

③ 40 + 20 = ☐　　④ 52 + 6 = ☐

② つぎの ひき算を しましょう。

① 16 − 8 = ☐　　② 7 − 0 = ☐

③ 100 − 30 = ☐　　④ 49 − 5 = ☐

③ つぎの 計算を しましょう。

① 3 + 4 + 2 = ☐

② 9 − 6 + 5 = ☐

たし算と ひき算が 合体したゾ!

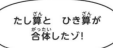

おわったら ぶりぶり シールを はろう

楽しくは ないけど、やらないと どんどん だらしなく なって いくてしょ。

1年生の　ふくしゅう③

月　　日

曜日

 2けたの　数の　しくみを　ふくしゅうするのだ!

10の　まとまりが　2
　　　　　1が　4

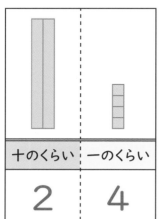

十のくらい	一のくらい
2	4

なるほど…
数字が　ぎゃくだと
数も　ちがうんだ!

10の　まとまりが　4
　　　　　1が　2

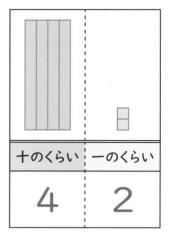

十のくらい	一のくらい
4	2

---

① 数字で　書きましょう。

①
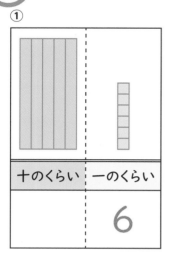

十のくらい	一のくらい
	6

②
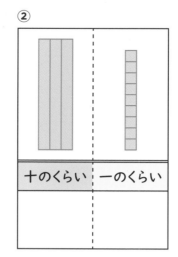

十のくらい	一のくらい

③
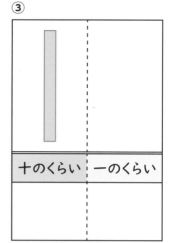

十のくらい	一のくらい

 そうさ‼ ボクは　かならず　エリートへの　道を　歩んで　ゆくぞ‼

 おわったら ぶりぶり シールを はろう

2 たし算の ひっ算

カザマくんの
クレヨンを
かりたいゾ!

パパに 買ってもらった
クレヨンセットさ。

ごうか〜。

風間くんの
クレヨン
46本

しんちゃん
のクレヨン
12本

そっちの 茶色で
シロの うんち
かかせて〜ん。

いやだ。

カザマくんの クレヨンが 46本、 しんのすけの クレヨンが 12本。
あわせて 何本に なるかな?

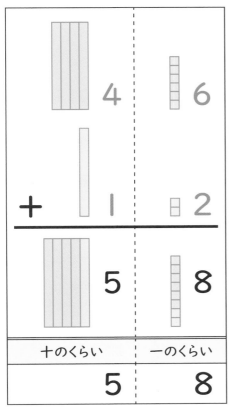

	十のくらい	一のくらい
	5	8

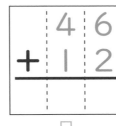

くらいを たてに
そろえて 書く。

一のくらいを
たす。

$6 + 2 = 8$

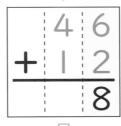

十のくらいを
たす。

$4 + 1 = 5$

じゃ、
カザマくんの
うんちに
するから〜。

もっと
いやだ。

このような 計算の しかたを 「ひっ算」と いうよ。

たし算の　ひっ算①

月　日

① たし算の　ひっ算を　しましょう。

一のくらいから
たしましょ。

①
```
    2 1
 +  1 4
```

②
```
    5 2
 +  1 6
```

② つぎの　たし算を　ひっ算で　しましょう。

① 45＋31

② 62＋11

③ 37＋22

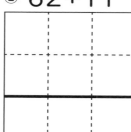

④ 53＋34

⑤ 73＋26

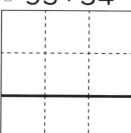
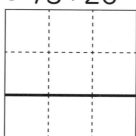

ばっちりだね!

休日ぐらい　ゆっくり　させてよ。オラ　つかれてるんだから。

おわったら
ぶりぶり
シールを
はろう

8

たし算の　ひっ算②

 つぎの　たし算を　ひっ算で　するのだ!

① 34 + 10

```
    3  4
 +  1  0
 ───────
    4  4
```

くらいを　たてに
そろえて　書く。
⬇
一のくらいを　たす。
4+0=4　　0+0=0
⬇
十のくらいを　たす。
3+1=4　　2+4=6

② 20 + 40

```
    2  0
 +  4  0
 ───────
    6  0
```

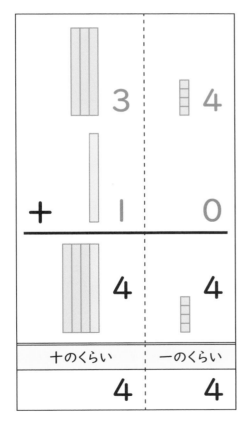

十のくらい	一のくらい
4	4

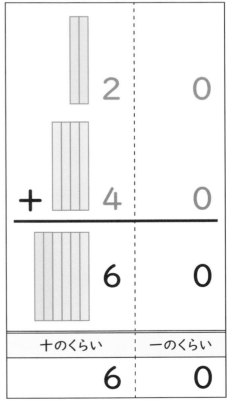

十のくらい	一のくらい
6	0

 パパの　くつ下を　あつかう　ときは　かならず　マスクを　すること!!

きょうも よく がんばったぞ!
おわったら
ぶりぶり
シールを
はろう

たし算の　ひっ算③

月　日
曜日

① つぎの　たし算を　ひっ算で　しましょう。

① 18 + 20

```
  1 8
+ 2 0
```

② 40 + 31

```
  4 0
+ 3 1
```

③ 50 + 30

④ 15 + 20

のこり　半分…。

⑤ 30 + 30

⑥ 11 + 70

⑦ 20 + 45

⑧ 50 + 27

じゃ、オラ　帰らなきゃ。TVで　アクション仮面スペシャル　見ないと。

きょうも よく がんばったぞ！
おわったら　ぶりぶりシールを　はろう

たし算の　ひっ算④

月　　日
曜日

 3+54を　ひっ算で　書いて　みるのだ!

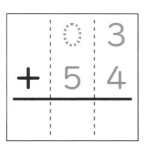

くらいを　そろえて　書く。
3は　一のくらいに　書く。

十のくらい	一のくらい
0	3

10の　まとまりが
ないゾ!

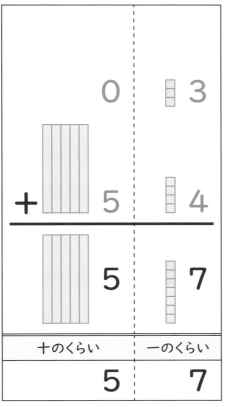

十のくらい	一のくらい
5	7

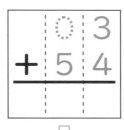
3は　10が　0こと
1が　3こ。
なれるまでは　0を
書いても　だいじょうぶ。

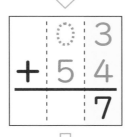
一のくらいを　たす。
3 + 4 = 7

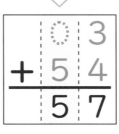
十のくらいを　たす。
0 + 5 = 5

緊張感の　あるミステリー　知ってる。

きょうも　よく　がんばったぞ!
おわったら
ぶりぶり
シールを
はろう

2 ⑤ たし算の　ひっ算⑤

月　　日

曜日

① つぎの　たし算を　ひっ算で　しましょう。

0を　書いても　いいのよ。

① 5 + 42

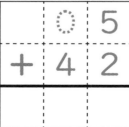

② 8 + 61

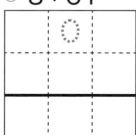

③ 4 + 35

きみなら　できる！

④ 82 + 6

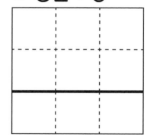

⑤ 53 + 4

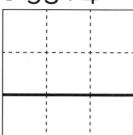

⑥ 0 + 25

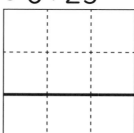

⑦ 63 + 0

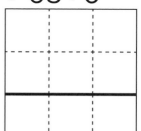

あーっ　スッキリした。

きょうも　よく　がんばったぞ！
おわったら
ぶりぶり
シールを
はろう

12

月　日

曜日

① つぎの　たし算を　ひっ算で　しましょう。

点線が　なくても
書けるかな～。

① 17+42

② 8+51

③ 40+17

④ 92+3

⑤ 66+0

⑥ 36+63

⑦ 25+14

ここまで
よく　がんばったね!

ハハ…　わが家は　今日も　へいわだな。

おわったら
ぶりぶり
シールを
はろう

13

月　　日
曜日

① しんちゃんは　スーパーで　45円の　アメと
53円の　ドーナツを　1つずつ　買って
もらいました。ぜんぶで　何円でしょう。

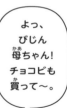

よっ、びじん母ちゃん！チョコビも買って〜。

しき _____

45円

53円

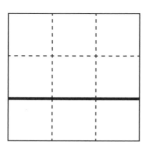

答え □ 円

② ひまわり組の　お友だちは　男の子が　16人、
女の子が　13人　います。ぜんぶで　何人でしょう。

しき _____

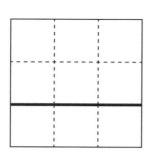

答え □ 人

行かなくちゃ。オラの　ことは　わすれろよ。ハニー♡

おわったら ぶりぶり シールを はろう

3 くり上がりの　ある　たし算の　ひっ算

新記ろくだゾ！

カンを　しんのすけが　38こ、　ひまわりが　29こ　のせた。
カンは　あわせて　何こかな？

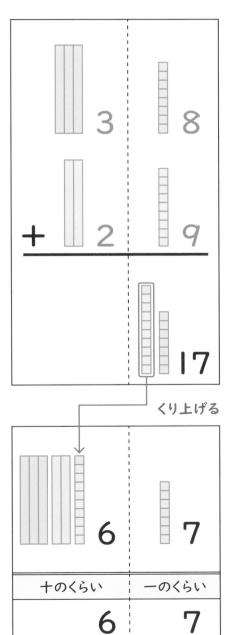

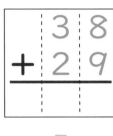
くらいを　たてに　そろえて　書く。

$$8 + 9 = 17$$
一のくらいを　たす。
十のくらいに　1　くり上げる。

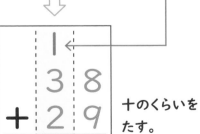
十のくらいを　たす。

$$1 + 3 + 2 = 6$$

くり上がった　1と　3と　2を　あわせる。

あと　1こで　新記ろくだぞ。

ただいまー。お米　おもかっ…

だぁああっ。

くり上げる

十のくらい	一のくらい
6	7

3 ① くり上がりの　ある　たし算の　ひっ算①

① つぎの　たし算を　ひっ算で　しましょう。

① 28+16　　② 47+23　　③ 35+39

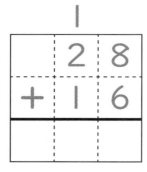
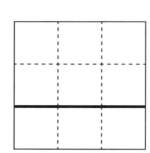
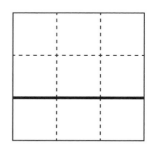

十のくらいに　くり上がりの　1を　書いてみると、
スラスラ　できちゃうゾ!

④ 79+5　　⑤ 7+58

くらいを　よ～～く　かくにん。

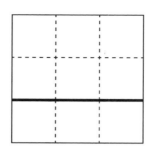
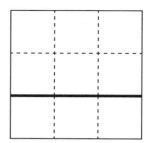

く一ん。

おわったら
ぶりぶり
シールを
はろう

16

③ くり上がりの　ある　たし算の　ひっ算②

① つぎの　たし算の　ひっ算を　しましょう。

① 53＋19　　② 62＋29　　③ 35＋37

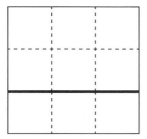 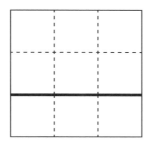 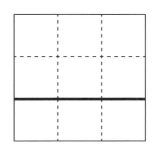

④ 54＋26　　⑤ 27＋5　　⑥ 9＋43

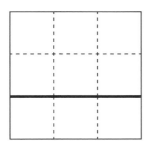 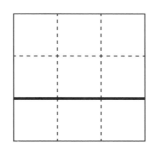 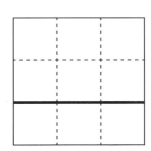

⑦ 67＋18　　⑧ 81＋19

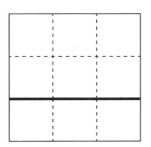 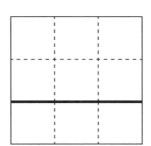

くり上がりの　たし算も　ばっちりね☆

さて　おひるねしよ。

きょうも　よく　がんばったぞ！
おわったら　ぷりぷりシールを　はろう

 たされる数と　たす数を　入れかえてみるのだ！

たされる数と　たす数を　入れかえて　計算しても
同じ　答えに　なる。

たされる数　たす数
$42 + 15 = 57$
答えは　同じ！
$15 + 42 = 57$

```
   4 2          1 5
 + 1 5        + 4 2
 ─────        ─────
   5 7  答えは同じ！ 5 7
```

① 答えが　同じに　なる　しきは　どれと　どれでしょう。
計算を　しないで　線で　むすびましょう。

① 38+46 ・

② 57+22 ・

③ 61+14 ・

④ 72+25 ・

・ 14+61
・ 43+83
・ 18+16
・ 46+38
・ 25+72
・ 22+57
・ 58+42

 私を　弟子に　してください！

 おわったら　ぷりぷりシールをはろう

18

計算パズル ①

たし算めいろ

めいろを　通りながら　たし算を　するよ。
いちばん　大きい　数に　なるのは　だれかな。

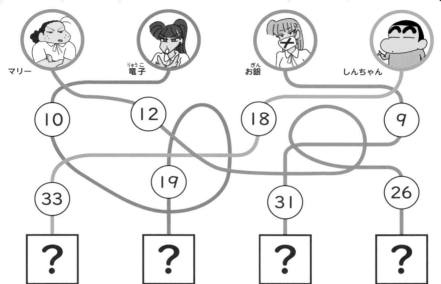

マリー　　竜子　　お銀　　しんちゃん

10　　12　　18　　9

19

33　　31　　26

?　　?　　?　　?

しきを　書いて　みよう。　　　　　　　には　名前を　書こう。

マリー　○ + ○ = □

竜子　○ + ○ = □

お銀　○ + ○ = □

しんちゃん　○ + ○ = □

だーれが
お笑い芸人じゃ!

いちばん　大きい　数は　　　　　　　　　　だよ。

きょうも　よく　がんばったぞ!
おわったら
ぶりぶり
シールを
はろう

おさらいテスト①

月　日

点

---

1 つぎの たし算を ひっ算で しましょう。　1もん 10点

① 18+16　　② 82+8　　③ 6+73

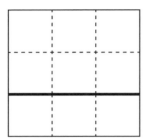 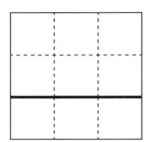 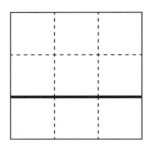

④ 77+15　　⑤ 53+29

マスから
はみ出さないように
書こうね！

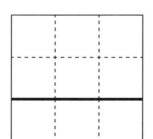 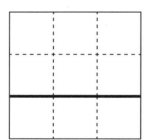

---

2 パンツで かくれた 数を 書きましょう。　1もん 25点

①

```
    🩲  2
 +  1  8
 ─────────
    5  0
```

②

```
    3  6
 + 🩲  4
 ─────────
    6  0
```

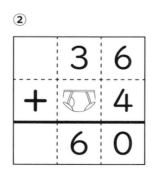

① 🩲 ⇨ ☐

② 🩲 ⇨ ☐

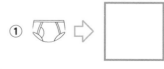

きょうも よく がんばったゾ！
おわったら
ぶりぶり
シールを
はろう

4 ひき算の ひっ算

ひまわりは
アイドルに
むちゅうだゾ!

た?

ダンスグループ
「IKM 65」!!

メンバー
65人

きゃーい。

今日は 大切な
お知らせが…。

?

グループから、42人
そつぎょうします!!

そつぎょう
メンバー
42人

カリ

「IKM65」の 65人の うち 42人が そつぎょうしたぞ。
のこりは 何人に なるかな?

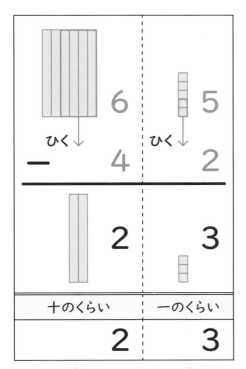

6
ひく↓
－ 4

5
ひく↓
2

2

3

十のくらい
2

一のくらい
3

6から
4を ひいた
のこり。

5から
2を ひいた
のこり。

```
  : 6 : 5
－: 4 : 2
```
くらいを たてに
そろえて 書く。

```
  : 6 : 5
－: 4 : 2
  :   : 3
```
一のくらいを
ひく。

5 － 2 = 3

```
  : 6 : 5
－: 4 : 2
  : 2 : 3
```
十のくらいを
ひく。

6 － 4 = 2

まだ 58人も
のこってる
じゃないか。

23人よ。

21

ひき算の ひっ算

ひき算の ひっ算①

月　　日

よう び
曜日

① ひき算の ひっ算を しましょう。

たし算と いっしょで
一のくらいから
けいさん
計算するぞ!

①
```
   3 6
-  1 2
```

②
```
   4 7
-  3 3
```

② つぎの ひき算を ひっ算で しましょう。

① 56-24

② 32-11

③ 75-63

あと もう少し!

④ 98-77

⑤ 69-32

ボクが あなたを まもる!!

きょうも よく がんばったぞ!
おわったら
ぷりぷり
シールを
はろう

月　日
曜日

 つぎの ひき算を ひっ算で するのだ!

① 64-24

```
  6 4
- 2 4
─────
  4 0
```

くらいを たてに そろえて 書く。
⇩
一のくらいを ひく。
4-4=0　2-0=2
⇩
十のくらいを ひく。
6-2=4　4-3=1

② 42-30

```
  4 2
- 3 0
─────
  1 2
```

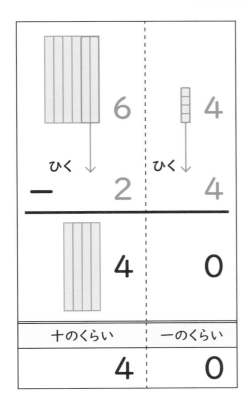

十のくらい	一のくらい
4	0

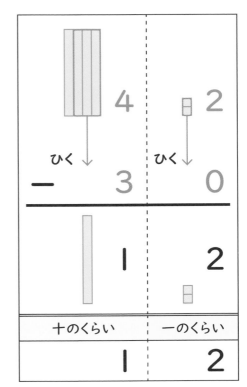

十のくらい	一のくらい
1	2

 まったく 親の 顔が 見たいてすな。

ひき算の　ひっ算

ひき算の　ひっ算③

① ひき算の　ひっ算を　しましょう。

① 47-37
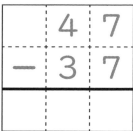

② 39-19

③ 58-28

④ 97-67

0を　書く　ところに
ちゅういよ!

⑤ 35-20
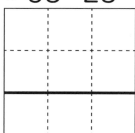

⑥ 59-40

⑦ 75-60

すごいゾ!
ドキが　むねむね～。

うむ…　なるほど。

きょうも　よく　がんばったゾ!
おわったら
ぶりぶり
シールを
はろう

ひき算の ひっ算④

 つぎの ひき算を ひっ算で するのだ!

① 56−52

$$\begin{array}{r} 5\ 6 \\ -\ 5\ 2 \\ \hline 4 \end{array}$$

くらいを たてに そろえて 書く。
⬇
一のくらいを ひく。
6−2=4　　7−6=1
⬇
十のくらいを ひく。
5−5=0　　3−0=3

② 37−6

$$\begin{array}{r} 3\ 7 \\ -\ \text{〇}\ 6 \\ \hline 3\ 1 \end{array}$$

十のくらいに
0は 書かない。

0は 書いても
書かなくても いいよ。

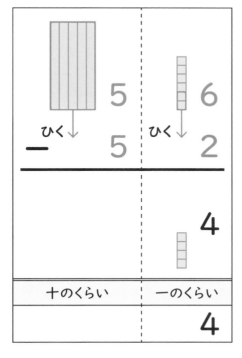

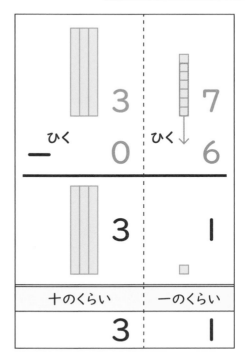

 おべん強 しすぎないでね。

 ちょうちょ よく がんばったぞ! おわったら ぶりぶりシールを はろう

ひき算の　ひっ算⑤

月　日
曜日

① つぎの　ひき算を　ひっ算で　しましょう。

① 69-63

```
   6 9
 - 6 3
```

② 45-41

③ 37-37

④ 80-80

まだまだ…
がんばれる!

⑤ 59-6

```
   5 9
 - ○ 6
```

⑥ 37-5

⑦ 70-0

⑧ 97-0

あいは　あきらめませんわよ　しんさま♡

26

ひき算の ひっ算⑥

月　日

曜日

① つぎの ひき算を ひっ算で しましょう。

点線が なくても できるかな??

① 68−25

② 72−52

③ 59−4

④ 80−60

⑤ 47−41

⑥ 38−0

⑦ 99−99

こんなに できるなんて オラより えらいゾ。

さんざん オラを もてあそんどいて あきたら すてるのね。

きょうも よく がんばったゾ！
おわったら ぷりぷり シールを はろう

① しんちゃんが　48こ　入りの　とく大チョコビを
１はこ　買って　もらいました。

① 買った　その日に　13こ　食べました。のこりは　何こでしょう。

しき _____

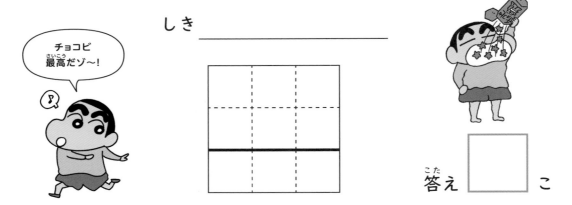

答え □ こ

② つぎの　日の　朝　おきたら、きのうの　チョコビが　5こだけに
なって　いました。なんと　夜中に　ひろしが　食べて
しまったのです。ひろしが　食べた　数は　何こでしょう。

しき _____

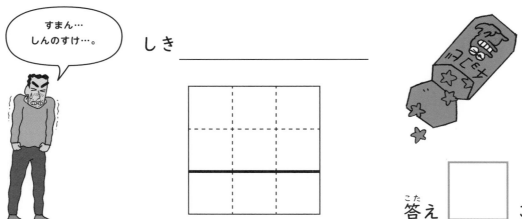

答え □ こ

みんなも　カゼに　まけない　強い　体を　つくりましょう。

5 くり下がりの ある ひき算の ひっ算

おもちゃは
キケンだゾ！

53まいの おさらの うち 26まいが われてしまった。
のこった おさらは 何まいかな？

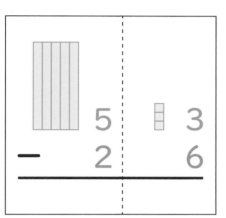

$$\begin{array}{r} 5\;3 \\ -\;2\;6 \\ \hline \end{array}$$

はじめに 一の
くらいを ひく。

でも 3から
6は ひけないね。

ちょっと
せいりしよ…。

⇩　　　⇩

くり下げる

10と3

4　　13

ひく　　　ひく

$$\begin{array}{r} -\quad\quad 2\quad\quad 6 \end{array}$$

2　　7

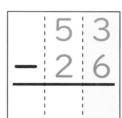
$$\begin{array}{r} {}^{4}\!\!\!\!/\,{}^{10} \\ 5\;\;3 \\ -\;2\;\;6 \\ \hline 7 \end{array}$$

こんな ときは
十のくらいから
1 くり下げる。

$\underset{10と3}{13 - 6 = 7}$

ぎぇぇぇっ。

⇩

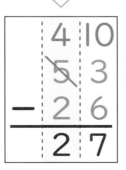
$$\begin{array}{r} {}^{4}\!\!\!\!/\,{}^{10} \\ 5\;\;3 \\ -\;2\;\;6 \\ \hline 2\;\;7 \end{array}$$

1 くり下げたから
十のくらいの
計算は

$4 - 2 = 2$

ダイナミックに
せいりしたね。

5 ① くり下がりの　ある ひき算の　ひっ算①

① つぎの　ひき算を　ひっ算で　しましょう。

① 52-38

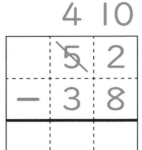

② 61-17

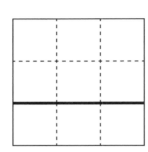

③ 45-36

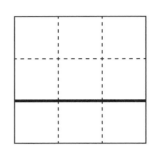

十のくらいに　1　くり下げた　数を
書いて　みると　計算しやすいよ。

④ 18-9

⑤ 70-7

1けたの　ときは
0を　書いても　いいよ。

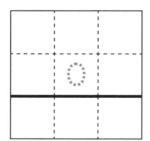

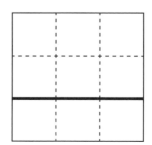

くっそ～～～。ふだんから　せいりせいとん　しとくんだった。

おわったら
ぶりぶり
シールを
はろう

30

5 ② くり下がりの ある ひき算の ひっ算②

① つぎの ひき算を ひっ算で しましょう。

① 38-29　② 66-38　③ 21-15

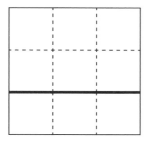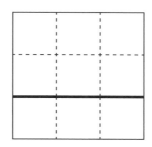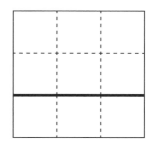

④ 92-86　⑤ 38-9　⑥ 54-6

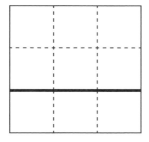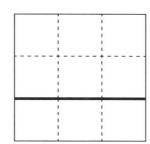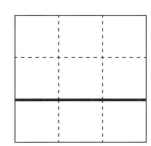

⑦ 60-8　⑧ 40-6

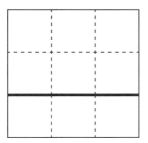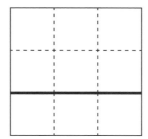

ぜんぶ…できたかな…。

よっしゃ!!

くり下がりの ある ひき算の ひっ算

ひき算の きまり

月　日

曜日

ひき算の 答えに ひく数を たすと、ひかれる数に なるのだ。

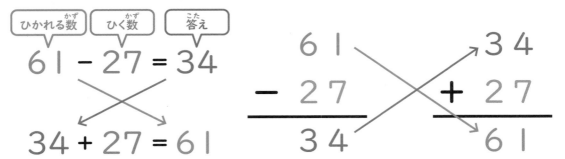

ひかれる数　ひく数　答え

$$61 - 27 = 34$$

$$34 + 27 = 61$$

$$61 - 27 = 34$$

$$34 + 27 = 61$$

ひき算の 答えは たし算で たしかめる ことが できる。

① つぎの ひき算の ひっ算を しましょう。
できたら、たし算で 答えを たしかめましょう。

①

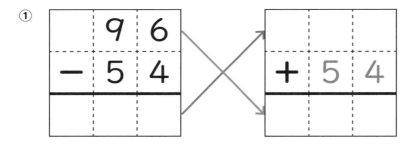

```
  9 6
- 5 4
```

```
+ 5 4
```

ぜーんぶ
お見とおしだゾ。

②

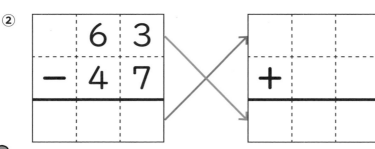

```
  6 3
- 4 7
```

```
+
```

こっこ。

おわったら
ぶりぶり
シールを
はろう

計算パズル ②

だれが かくれて いるかな？

答えが 37に なる しきに 青、 28に なる
しきに 赤、 43に なる しきに みどりを ぬろう。

フシギな
絵だゾ。

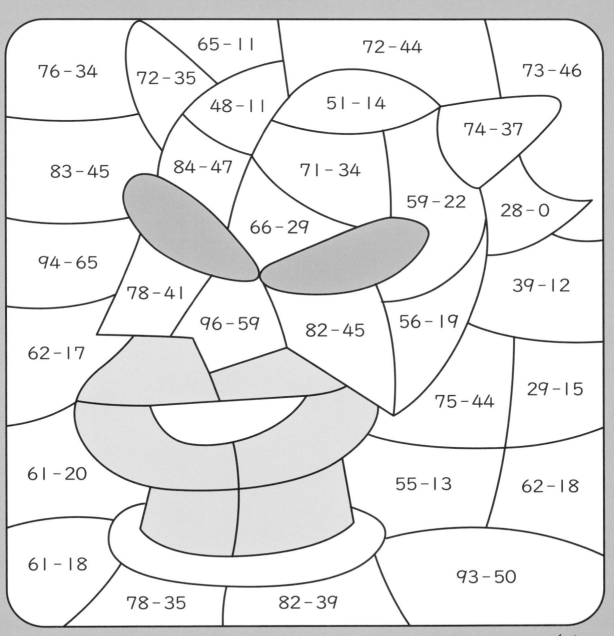

76 - 34

65 - 11

72 - 35

72 - 44

73 - 46

48 - 11

51 - 14

74 - 37

83 - 45

84 - 47

71 - 34

59 - 22

28 - 0

66 - 29

94 - 65

39 - 12

78 - 41

96 - 59

82 - 45

56 - 19

62 - 17

75 - 44

29 - 15

61 - 20

55 - 13

62 - 18

61 - 18

93 - 50

78 - 35

82 - 39

きょうも よく がんばったゾ！
おわったら
ぶりぶり
シールを
はろう

月　日

点

1 つぎの ひき算を ひっ算で しましょう。　1もん 10点

① 27-15　　② 56-4　　③ 38-0

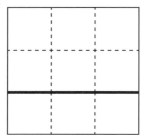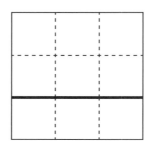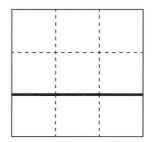

④ 76-59　　⑤ 63-45

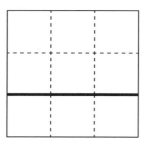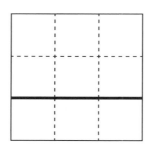

10を書いて みてもいいのよ。

2 チョコビで かくれた 数を 書きましょう。　1もん 25点

① 　　　　　②

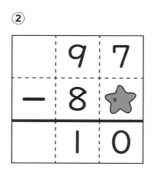

① ⭐ ⇨ ▢

② ⭐ ⇨ ▢

おわったら ぶりぶり シールを はろう

34

わーっ、
チョコビが
いっぱい!!

100こ…いや、
200こ以上
あるかもね。

それだけの 数、
いっぺんに 食べて
みたいなぁ。

ちらっ。

おこられ
ちゃうわよっ。

 100を こえる 数に ついて 考えて みるのだ!

チョコビ
10こ

これが 10こ
あると

チョコビ
100こ

100　　　　　　100　　　　30　　5

100を 2こ、10を 3こ、1を 5こ あわせた 数は

百のくらい	十のくらい	一のくらい
2	3	5

だよ。

ぜったいに
のこさない
から!!

そういう
問題じゃ
ありませんっ。

3けたの 数①

月 日

曜日

① つぎの 数を 数字で 書きましょう。

① 100を 2こ、10を 1こ、1を 8こ あわせた 数

百	十	一

② 100を 6こ、10を 3こ、1を 5こ あわせた 数

百	十	一

「のくらい」は とっちゃうゾ!

② つぎの □に 入る 数字を 書きましょう。

① 427は

100を □ こ

10を □ こ

1を □ こ

あわせた 数

② 831は

100を □ こ

10を □ こ

1を □ こ

あわせた 数

ボク ようじ あるから これで。

おわったら
ぶりぶり
シールを
はろう

3けたの　数②

月　　日

曜日

 3けたの　数の　読み方を　おぼえるのだ!

● きほんの　読み方

百	十	一
4	3	2

よんひゃく　さんじゅう　に
四百　　三十　　二

声に　出して
読んで　みるゾ!

● 0や　1が　ある　ときの　読み方

百	十	一
7	0	5

ななひゃく　　　　ご
七百　　　　　五

百	十	一
1	1	9

ひゃく　じゅう　きゅう
百　　十　　九

---

① つぎの　数の　読み方を　かん字で　書きましょう。

① 264

	百		十	

かん字で
書けたかしら?

② 608

③ 400

④ 110

ふぅ—　スッキリした!!　じゃ　あそぼうか。

月　　日

曜日

3けたの 数の じゅんじょを おぼえるのだ!

① 198 ⇨ 199 ⇨ 200 ⇨ 201

② 200 ⇨ 210 ⇨ 220 ⇨ 230

③ 300 ⇨ 400 ⇨ 500 ⇨ 600

①は 1ずつ、
②は 10ずつ、
③は 100ずつ、
ふえているよ!

---

① つぎの □に あてはまる 数を 書きましょう。

① 512 ⇨ 513 ⇨ 514 ⇨ ☐ ⇨ ☐

② 310 ⇨ ☐ ⇨ 330 ⇨ ☐ ⇨ 350

③ 420 ⇨ 422 ⇨ ☐ ⇨ 426 ⇨ ☐

④ ☐ ⇨ 645 ⇨ ☐ ⇨ 655 ⇨ 660

オラは いろいろな うんちを あやつる ことが できるのだ!!

おわったら
ぶりぶり
シールを
はろう

38

 10を　たくさん　あつめるのだ!

10円を　13まい　あつめると　何円でしょう。

== へんしん!
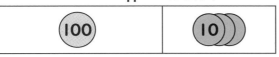

10円が　10まいで　100円
10円が　3まいで　30円

あわせて　130　円

240円は　10円にすると　何まいでしょう。

== へんしん!
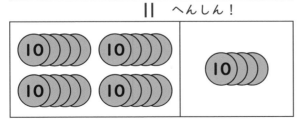

200円は　10円が　20まい
40円は　10円が　4まい

あわせて　24　まい

---

① つぎの　数を　数字で　答えましょう。

① 10を　40こ　あつめた　数は　いくつですか。

② 530は　10を　いくつ　あつめた　数ですか。

 ガンバレよ。

きょうも よく がんばったぞ!
おわったら
ぶりぶり
シールを
はろう

1000までの 数
数の 大小

月　　　日

曜日

 数の 大小を あらわして みるのだ!

数の 大小は ＞、＜を つかって あらわす。

● 3けたの 数と 2けた（1けた）の 数

$$123 > 56$$

100 ｜｜｜ ＞ ｜｜｜｜｜｜

● 3けたの 数と 3けたの 数

$$221 > 214$$

100 100 ｜｜ ＞ 100 100 ｜

$$221 < 222$$

100 100 ｜｜ ＜ 100 100 ｜｜

3けたの 数どうしは
大きい くらいから じゅんに
くらべるよ。

大＞小、小＜大
ってことなのね。

---

① □には ＞と ＜、どちらが 入るでしょう。

① 429 □ 632　② 520 □ 86

ありがとございました。

きょうも よく がんばったぞ!
おわったら
ぶりぶり
シールを
はろう

何十・何百の 計算

月　日

曜日

 何十・何百の 計算を やって みるのだ!

200 + 100 = 300

100が 2こ　　　　100が 1こ　　　　　　　　100が 3こ

| 100 | 100 | + | 100 | = | 100 | 100 | 100 |

10が
10こ
あつまると
100に
へーんしん!!

60 + 50 = 110

10が 6こ　　　10が 5こ　　　　10が 11こ　　　100が 1こと
　　　　　　　　　　　　　　　　　　　　　　　　10が 1こ

‖‖‖‖‖‖ + ‖‖‖‖‖ = ‖‖‖‖‖‖‖‖‖‖‖ = 100

130 - 80 = 50

100が 1こと　　　　　　　　　　　　　　　　　　10を 8こ とる　　　　10が 5こ
10が 3こ　　　　　　10が 13こ

100 ‖‖‖ = ‖‖‖‖‖‖‖‖‖‖‖‖‖ ⇨ ‖‖‖‖‖[‖‖‖‖‖‖‖‖] = ‖‖‖‖‖

---

(1) つぎの 計算を しましょう。

① 300 + 600 = ☐　　　② 700 - 400 = ☐

③ 90 + 50 = ☐　　　④ 70 + 60 = ☐

 ぐずぐずしてる 時間は ないわ!!

ちょうちょ よく がんばったぞ!
おわったら
ぶりぶり
シールを
はろう

1000と いう 数

月 日

曜日

100を 10こ あつめると どうなる?

| 100 | 100 | 100 | 100 | 100 | 100 | 100 | 100 | 100 | 100 |

100が 10こ あつまった 数

この 数を「千」と いって
「1000」と 書く。

4けたに なったゾ!!

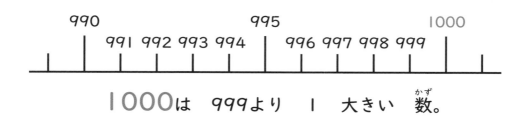

990   995   1000
991 992 993 994   996 997 998 999

1000は 999より 1 大きい 数。

---

① つぎの □に あてはまる 数を 数字で 書きましょう。

① 千は [   ] と 書く。

② 千は 百を [   ] こ あつめた 数。

③ 千は [   ] より 1 大きい 数。

やった!!

おわったら ぶりぶり シールを はろう

42

計算パズル ③

おすしで　まんぷく！

目うつり
しちゃう～♡

1人　1000円　ぴったりに　なるように　おすしを　食べるよ。
しんちゃんたちは　何を　食べたかな。□に　金がくを　書こう。
同じ　しゅるいの　おすしを　2さら　えらぶ　ことは　できないよ。

たまごは
はずせないな！

マグロ
サイコー！

やっぱり
ウニよね。

320円　150円　200円　350円　300円　270円　330円

🍣 + ？ + 🍣 + 🍣 = 1000円

350円　　□円　　200円　　150円

🍣 + 🍣 + 🍣 + ？ = 1000円

330円　　320円　　200円　　□円

🍣 + 🍣 + ？ = 1000円

320円　　330円　　□円

おわったら
ぶりぶり
シールを
はろう

43

おさらいテスト③

月　日

点

---

1 つぎの 数を 数字と かん字で 書きましょう。 `1つ 5点`

100を 5こ、10を 7こ、1を 0こ あわせた 数

数字 [　　　　]　　　かん字 [　　　　]

---

2 □に あてはまる ＞、＜を 書きましょう。 `1もん 10点`

① 246 [　] 346　　② 175 [　] 97

---

3 □に あてはまる 数を 書きましょう。 `1つ 10点`

[　　] ⇒ 730 ⇒ 740 ⇒ [　　]

---

4 つぎの 数を 数字で 書きましょう。 `10点`

600は 10を [　　] こ あつめた 数

100を10こ集めた
数を「1000」と
書くのよ。

---

5 エビフライで かくれた 数を 書きましょう。 `1もん 20点`

① 70 − = 40　　 ⇨ [　　]

② ＋1 = 1000　　 ⇨ [　　]

きょうも よく がんばったゾ！
おわったら
**ぶりぶり
シール**を
はろう

44

百のくらいに くり上がる たし算

まつざか先生の イモほりだゾ!

のうか しゅっしん

そんけいなさい オホホホホッ。

まつざか先生 すごーい。

まつざか先生が 92こ、しんのすけたちが 36こ イモを ほった。イモの 数は あわせて 何こかな?

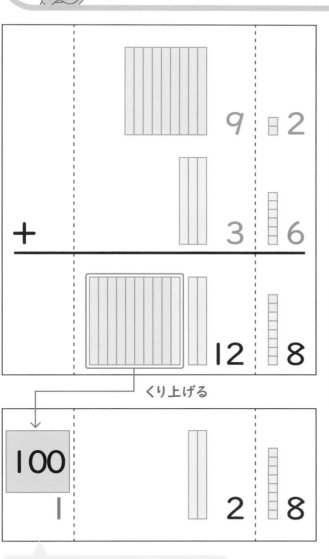

くり上げる

```
    9  2
+   3  6
   12  8
```

```
100

    1        2  8
```

10が 10こで 100に なる。

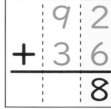

```
    9  2
+   3  6
─────────
          8
```

一のくらいを たす。

$2 + 6 = 8$

⬇

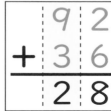

```
    9  2
+   3  6
─────────
    2  8
```

十のくらいを たす。

$9 + 3 = 12$

百のくらいに 1 くり上げる。

⬇

```
    9  2
+   3  6
─────────
 1  2  8
```

百のくらいは 1 となる。

今日から、 "イモ女王"と よばせて ください!!

イモ女王様〜

やめて 〜っ。

45

7① 百のくらいに くり上がる たし算①

月　日
曜日

① くり上がりの ある たし算の ひっ算を しましょう。

① 73+51

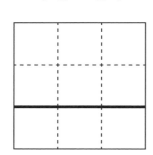

一のくらいを たす。　□ + □ = □
十のくらいを たす。　□ + □ = □
百のくらいに □ くり上がる。

② つぎの たし算を ひっ算で しましょう。

① 36+83　　② 62+67

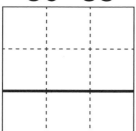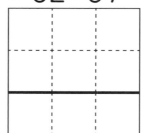

百のくらいに ごちゅういだゾ。

③ 94+55　　④ 80+93　　⑤ 54+61

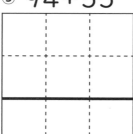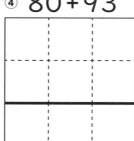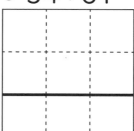

あ——————っ 生きてるって すばらしい!!

おわったら ぶりぶり シールを はろう

7 ② 百のくらいに くり上がる たし算②

月　日

曜日

 2回 くり上がる たし算の ひっ算を するのだ!

63＋58を ひっ算で しましょう。

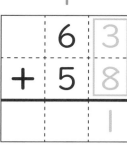

一のくらいを 計算する。

$3 + 8 = 11$

十のくらいに 1 くり上がる。

| ＝

1が 10こ は
10が 1こ なのね。

十のくらいを 計算する

$1 + 6 + 5 = 12$

百のくらいに 1 くり上がる。

 ＝ 100

答え 121

10が 10こだから
100が 1こかあ。

 あれ？ オラ なんか してたんだっけ？

きょうも よく がんばったぞ!
おわったら
ぶりぶり
シールを
はろう

47

7 ③ 百のくらいに
くり上がる　たし算③

① つぎの　たし算を　ひっ算で　しましょう。

① 76+47　　② 39+83

十のくらいにも
百のくらいにも
1　くり上がる…。

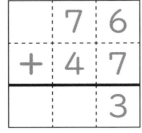

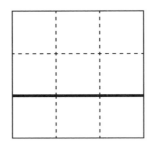

③ 62+49　　④ 54+57　　⑤ 86+35

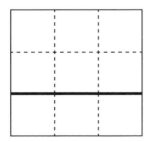

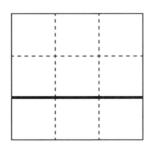

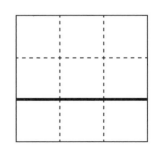

⑥ 48+66　　⑦ 99+13

今日も
おつかれさまだゾ。

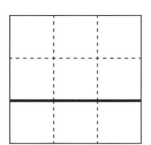

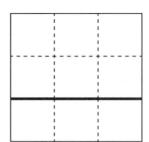

なんなんだ!?　体中に　せんりつが　走ったぜ。　あいつ　いったい…。

7
④ 百のくらいに くり上がる たし算④

 0が　出てくる　ときは　どうなる？

① 64 + 38

	6	4
+	3	8
		2

はじめに　一のくらいを　たす。

$4 + 8 = 12$

十のくらいに　1　くり上げる。

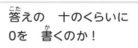 答えの　十のくらいに 0を　書くのか！

	6	4
+	3	8
1	0	2

十のくらいを　たす。

$1 + 6 + 3 = 10$

② 95 + 5

	9	5
+	0	5
1	0	0

 むずかしかったら 0を　書いちゃえば〜？

 しんのすけにしては　いいこと　言うなぁ。

 きょうも　よく　がんばったぞ！ おわったら ぶりぶり シールを はろう

7
5
百のくらいに くり上がる たし算⑤

① つぎの たし算を ひっ算で しましょう。

① 57+47　　② 82+39　　③ 48+66

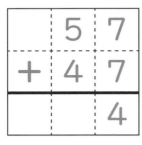
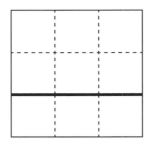
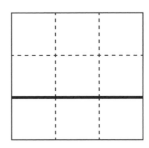

④ 64+77　　⑤ 8+97　　⑥ 93+9

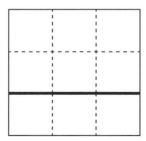
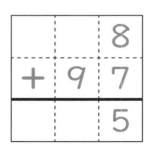
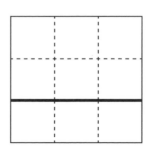

⑦ 2+98　　⑧ 96+4

あと
もう少し〜。

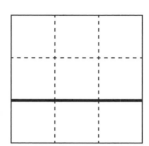
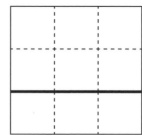

よし これからも ガンバロー。

おわったら
ぶりぶり
シールを
はろう

3つの 数の たし算

月　日

曜日

① ぜんぶで 何円に なるでしょう。

 96円　　 78円　　 23円

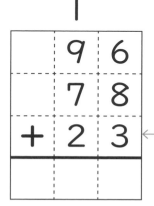

```
  9 6
  7 8
+ 2 3
```

3つの 数だから
ここに 数字が ふえたのね。

答え [　　　] 円

② 3つの 数の たし算を ひっ算で しましょう。

① 37+24+94　　② 61+33+42　　③ 85+29+33

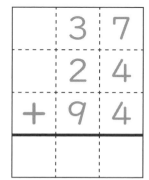

```
  3 7
  2 4
+ 9 4
```

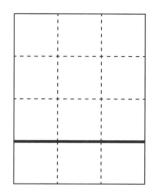

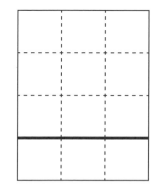

明日に そなえて 今夜は ぐっすり ねむろう。

きょうも よく がんばったぞ!
おわったら
ぶりぶり
シールを
はろう

計算パズル ④

みんなに
おすそわけだゾ。

ヒーローカードを 分けよう!

ヒーローカードを 数が 120に なるように
わけたよ。 … を 一で なぞって 分けかたを 書こう。

れい

100	10	60
10	30	30

$100 + 10 + 10 = 120$

$60 + 30 + 30 = 120$

ボクは 2まい
もらったよ。

わたしは 3まい
もらったわ。

ヒーローカード

64	56	23	64
23	64	23	33
33	56	23	18

ネネちゃんと 同じ
まい数を もらったよ。

たくさん
もらっちゃった。

きょうも よく がんばったゾ!
おわったら
ぷりぷり
シールを
はろう

8 百のくらいから くり下がる ひき算

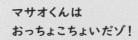

マサオくんは
おっちょこちょいだゾ！

ボーちゃんの 石 125この うち マサオくんが 73こを
おとしてしまった。 のこった 石は 何こかな？

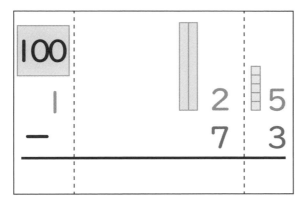

一のくらいを ひく。

$$5 - 3 = 2$$

つぎに
十のくらいを ひく。
でも 2から
7は ひけないね。

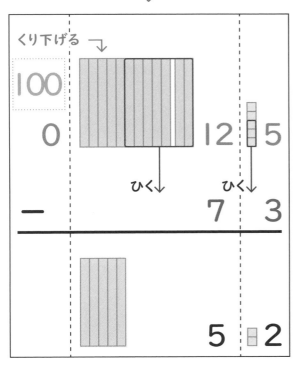

こんな ときは
百のくらいから
1 くり下げる。

$$12 - 7 = 5$$
10と2

1 くり下げたから
百のくらいは
なくなるね。

8 1 百のくらいから くり下がる　ひき算①

曜日

1 つぎの　ひき算を　ひっ算で　しましょう。

① 127−46

② 135−61

百のくらいから
1　くり下げるんだよね!

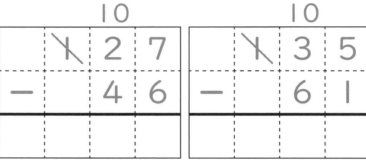

	10	
X	2	7
−		4	6

	10	
X	3	5
−		6	1

③ 186−94　　④ 179−86　　⑤ 115−24

⑥ 137−72　　⑦ 156−93　　⑧ 160−80

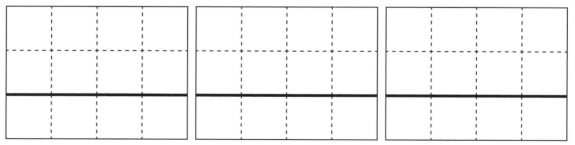

たいの!!　てての!!

おわったら
ぷりぷり
シールを
はろう
きょうも　よく　がんばったぞ!

54

8 ② 百のくらいから くり下がる　ひき算②

 2回　くり下がる　ひき算の　ひっ算を　するのだ!

146−58を　ひっ算で　しましょう。

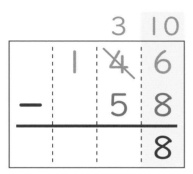

一のくらいを　計算する。

十のくらいから
1を　くり下げる。

$16 - 8 = 8$
10+6

6から　8は
ひけないゾ。

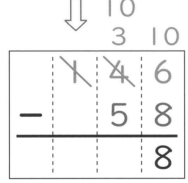

十のくらいを　計算する。

百のくらいから
1を　くり下げる。

こんどは　3から　5が
ひけないゾ〜。
そんな　ときは…。

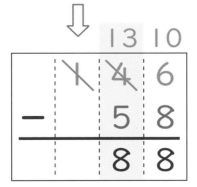

十のくらいの　計算は

$13 - 5 = 8$
10+3

答え 88

 ううっ…　どうして　あなたって　いつも　計画せいが　ないの？

おわったら
ぶりぶり
シールを
はろう

8
3

百のくらいから
くり下がる　ひき算③

月	日
曜日	

---

1 つぎの　ひき算を　ひっ算で　しましょう。

① 152−67

② 143−86

③ 127−59

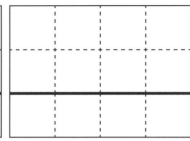

④ 172−94

あと　もう少しで
ゴールだ!

⑤ 138−59

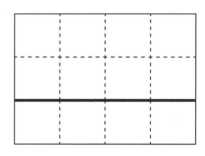

⑥ 117−99

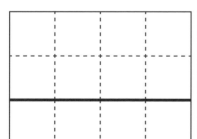

⑦ 163−77

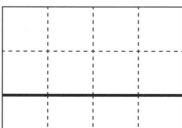

⑧ 184−96

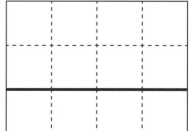

オシッコオシッコ　ジャージャージャー♪

おわったら
ぶりぶり
シールを
はろう

8④ 百のくらいから くり下がる ひき算④

月　日

曜日

 十のくらいから　くり下げられない　ときの　ひっ算を　するのだ!

104-36を　ひっ算で　しましょう。

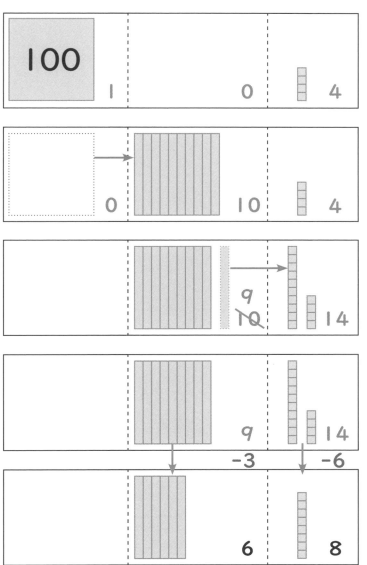

一のくらいを　計算する。
4-6は　できないから
十のくらいから　I　くり下げたい。
でも　十のくらいが　0　だから…

百のくらいから　I　くり下げて
十のくらいを　IO　にする。

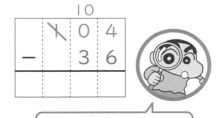

これで　十のくらいから
I　くり下げられるゾ!

一のくらい　十のくらいの
じゅんに　計算。

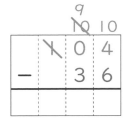

 トイレ～トイレ～。大・中・小～っ。
もうすぐ　出る　出る　行っといれ～っと。

おわったら ぶりぶりシールを はろう

57

8
5

百のくらいから
くり下がる　ひき算⑤

月　　日

曜日

---

1 つぎの　ひき算を　ひっ算で　しましょう。

① 105-59　　　② 107-88　　　③ 100-72

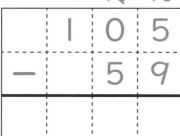

④ 101-49　　　⑤ 105-36

きみなら…
きっと…できる!

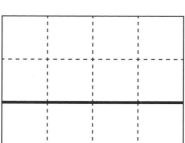
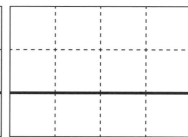

⑥ 100-74　　　⑦ 100-55　　　⑧ 108-9

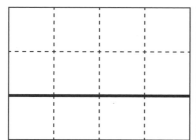
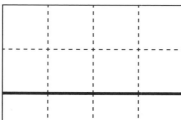
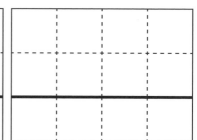

ミュージック　スタート!

おわったら
ぶりぶり
シールを
はろう

58

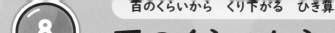

8 百のくらいから くり下がる　ひき算⑥

月　日
曜日

① つぎの　ひき算を　ひっ算で　しましょう。

ここまで　やった
ひき算が　ぜーんぶ
出てくるわよ！

① 104-98　　② 106-37

③ 152-75　　④ 136-68　　⑤ 120-96

⑥ 100-82　　⑦ 103-7

きみも　てんさ～い！

くせものめ！！

計算パズル ⑤

のぞむ ところだゾ！

ちょうせんじょうを とけ！

答えが 「56」「39」「72」に なる しきの カギを
えらんで、たからばこを あける あんごうを かいどくしよう。

カギに 書かれた ひらがな 3文字が あんごうだ！

答えが 56に なる しき	答えが 39に なる しき	答えが 72に なる しき
あ 112 − 54	か 125 − 85	た 156 − 81
い 143 − 97	き 108 − 79	ち 135 − 64
う 107 − 52	く 132 − 94	つ 144 − 72
え 137 − 89	け 116 − 77	て 161 − 88
お 124 − 68	こ 134 − 96	と 127 − 56

9 大きい 数の 計算

ハワイりょこうに ちょうせんだゾ!

チャンスは
1回かぎり

親子ペア
合計300点で…

ハワイりょこう
プレゼント!!

ひさしぶりね、
ボウリング。

かんばんに
何か 書いて
ある。

…たのんだわよ
あなたたち!!

でりゃ!!

ストライク

あなた、
すごーい!!

うっ、
腰がっ。

イロハオエ〜。

ストライク

…い、いけるかも
300点…!!

ボウリングで ひろしが 216点、 しんのすけが 83点 とったぞ。
合計で 300点を こえるかな?

ひろし

216点

しんちゃん

83点

くらいを たてに そろえる

百の くらい	十の くらい	一の くらい
2	1	6
+	8	3
2	9	9

ゲーム しゅうりょう後

野原親子の
得点は〜…

ジャーーン

299点!!

おしい。

たい。

明日も
あるさ!!

ないのよ。

腰が…。

9 ① 大きい 数の たし算①

月 日

曜日

① つぎの たし算を ひっ算で しましょう。

① 435+34

② 572+39

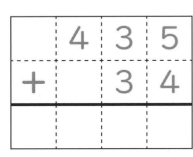

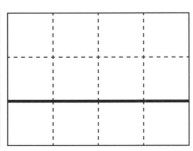

くり上がりに
ごちゅういだゾ～。

③ 714+97

④ 609+9

⑤ 52+139

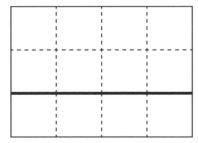

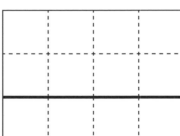

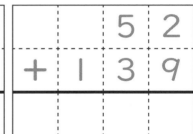

⑥ 5+268

⑦ 38+925

さいごまで 走り
ぬけるのよ!

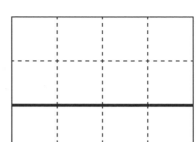

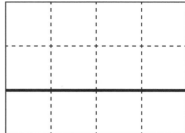

オラも とーちゃんに なって おビール のんてみたいゾ!

きょうも よく がんばったゾ!
おわったら
ぷりぷり
シールを
はろう

9 ② 大きい 数の たし算②

月　日

曜日

① つぎの たし算を ひっ算で しましょう。

点線が なくても へっちゃら！

① 872＋69

② 373＋5

③ 560＋80

④ 4＋757

⑤ 29＋526

⑥ 63＋672

⑦ 30＋800

めざせ！ たし算マスター！

さっ 今日も ガンバって おしごとに はげもう!!

きょうも よく がんばったぞ！ おわったら ぶりぶりシールを はろう

大きい　数の　計算

9 ③ 大きい　数の　ひき算①

月　日

曜日

 大きい　数の　ひき算を　おさらいするのだ！

① 534−22

```
    5 3 4
  −   2 2
    5 1 2
```

おさらい①
くらいごとに　計算する。

おさらい②
くり下がりに　気をつける。

② 376−58

```
        6 10
    3 7̸ 6
  −   5 8
    3 1 8
```

① つぎの　ひき算を　ひっ算で　しましょう。

① 693−52

```
    6 9 3
  −   5 2
```

② 471−34

③ 830−27

 よいこの　みんなは　きのう　早く　寝たかなァ？

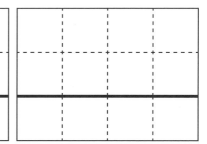
おわったら　ぶりぶりシールを　はろう

64

9 大きい　数の　ひき算②

月　　日

曜日

① つぎの　ひき算を　ひっ算で　しましょう。

数字が　ふえても
わくから
はみ出ないように!

① 472-84

② 662-68

③ 987-98

④ 404-5

⑤ 149-79

⑥ 803-9

⑦ 967-88

これで　ひき算
マスターにも
なれちゃったゾ!

どっからても　かかって　きなさい!!

おわったら
ぶりぶり
シールを
はろう

おさらいテスト④

月　日

点

1 つぎの たし算と ひき算を ひっ算で しましょう。　1もん 15点

① 632+38　　② 398+76　　③ 927+63

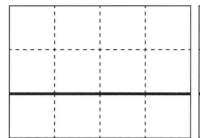

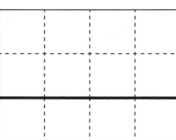

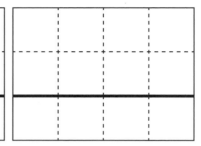

④ 486-72　　　　　　　　　　⑤ 845-77

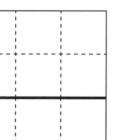

＋と－、数字を
書くところに
気をつけてね。

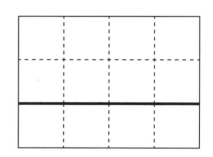

2 ピーマンで かくれた 数を 書きましょう。　25点

ピーマンには 同じ
数字が 入るゾ…。
一気に やっつけちゃえ！

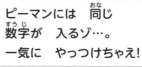

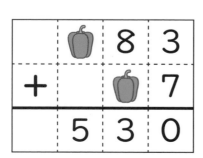

 ⇨

きょうも よく がんばったゾ！
おわったら
ぶりぶり
シールを
はろう

10　計算の　くふう

虫さんに サヨナラ するゾ！

ボーちゃんが　クワガタを　2ひき、　マサオくんが　カブトムシを　4ひき、
しんのすけが　カブトムシを　6ぴき　とった。　虫の　数は　あわせて　何びき？

| ボーちゃん クワガタ 2ひき | マサオくん カブトムシ 4ひき | しんのすけ カブトムシ 6ぴき |

つぎの　2つの　計算方ほうを　ためしてみよう！

● じゅんに　たす

$2 + 4 + 6 = 12$　　2 + 4 = 6 → 6 + 6 =12

● カブトムシの　数を　まとめて　たす

$2 + (4 + 6) = 12$　　4 + 6 = 10 → 2 +10 = 12

かわりに　オラを　おもち帰り　プリ〜ズ☆

えんりょ しとくー。

（　）の　中は　先に　計算するよ。

67

かっこの きまり

① つぎの たし算を しましょう。

① (5 + 2) + 6 = ☐

② 8 + (4 + 3) = ☐

③ (7 + 5) + 4 = ☐

④ 9 + (2 + 8) = ☐

⑤ (6 + 30) + 5 = ☐

⑥ 5 + (30 + 6) = ☐

② つぎの ☐に 入る 数字を 書きましょう。

① (☐ + 9) + 4 = 24

② (8 + ☐) + 2 = 32

③ (26 + 9) + ☐ = 65

④ (17 + 13) + ☐ = 43

きまりは
ぜったいさ!

よ、よしなが先生　お電話でーす。

きょうも よく がんばったぞ!
おわったら
ぷりぷり
シールを
はろう

計算の くふう

たし算の きまり②

月　日
曜日

たし算では かっこの 場しょを かえて
たす じゅんじょを かえても、答えは 同じに なるのだ!

32＋45＋10を 計算しましょう。

● 左に かっこを つける

① （32＋45）＋10＝87
　　└ 77 ┘

● 右に かっこを つける

② 32＋（45＋10）＝87
　　　　└ 55 ┘

あれれ～
答えが おんなじだゾ。

① 答えが 同じに なる しきは どれと どれでしょう。
計算を しないで 線で むすびましょう。

① （29＋16）＋34 ・

② （39＋41）＋34 ・

③ （52＋35）＋12 ・

④ （62＋11）＋28 ・

・ 39＋（16＋32）

・ 52＋（35＋12）

・ 29＋（16＋34）

・ 62＋（11＋28）

・ 39＋（15＋34）

・ 39＋（41＋34）

しんちゃん たすけて～っ!

きょうも よく がんばったゾ!
おわったら
ぶりぶり
シールを
はろう

計算の くふう

たし算の くふう

月　日

曜日

たし算の きまりを つかって 計算を らくに するのだ!

● たし算の きまり

きまり① たされる数と たす数を 入れかえて 計算しても 答えは 同じ。

きまり② たし算では たす じゅんじょを かえても 答えは 同じ。

きまりを つかうと…

① 46+29+1

$46+(29+1)=76$
　　　└ 30 ┘

きまり② で たし算が らくに。

② 15+32+5

① $15+32+5=32+(15+5)=52$
　　　　　　　　　　└ 20 ┘

きまり①

きまり②

② $15+32+5=(15+5)+32=52$
　　　　└ 20 ┘

---

① つぎの たし算を くふうして 計算しましょう。

① 65+3+7 = 　　　

①と ②は きまり②
③は きまり① と きまり②
を つかえば〜?

② 58+16+4 = 　　　

③ 37+44+3 = 　　　　　 = 　　

やあ、しんのすけくん。

きょうも よく がんばったぞ!
おわったら
ぷりぷり
シールを
はろう

10 ④ たし算と　ひき算を つかってみよう①

① しんちゃんが　あいちゃんから　ラブレターを　28通
もらいました。

① 今月は　さらに　36通　もらいました。
ラブレターは　ぜんぶで　何通でしょう。

$$+$$

しき _____ 答え ☐ 通

② その後、しんちゃんは　もらった　ラブレターの　うち
17通を　読みました。
まだ　読んでいない　のこりの　ラブレターは　何通でしょう。

しき _____ 答え ☐ 通

よし　今から　町内を　パトロールだ‼　レッツゴー‼

おわったら ぶりぶり シールを はろう

10 5 たし算と　ひき算を つかってみよう②

月　　日

曜日

① しんちゃんは　ひろしと　みさえと　3人で スーパーに　行きました。

① 364円の　たまごと　98円の　牛にゅうを　買いものカゴに 入れました。ぜんぶで　何円でしょう。

しき ＿＿＿＿＿＿＿＿＿＿＿＿　答え 　円

② みさえが　レジで　たまごの　わり引きけんを　つかったので、 たまごが　80円引きに　なりました。 みさえは　スーパーで　何円　はらったでしょう。

しき ＿＿＿＿＿＿＿＿＿＿＿＿　答え 　円

ハッハッハッ　子どもは　むじゃきだなァ！

おわったら ぶりぶり シールを はろう

計算パズル ⑥

チョコビを あつめろ！

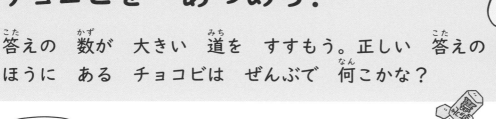

たくさん
あつめるゾ!

答えの 数が 大きい 道を すすもう。正しい 答えの
ほうに ある チョコビは ぜんぶで 何こかな？

しゅっぱつ
おしんこ～。

スタート

チョコビは ぜんぶで

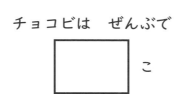

こ

たいりょう
だゾ!

ゴール

$$32 + 46$$

$$36 + 43$$

$$152 - 94$$

$$164 - 79$$

$$61 - 27$$

$$58 - 29$$

$$75 + 69$$

$$56 + 87$$

おわったら
ぶりぶり
シールを
はろう

きょうも よく がんばったゾ!

73

おさらいテスト⑤

月　　日

点

---

1 つぎの たし算を しましょう。　1もん 5点

① $(7+8)+2=$ ☐　　② $7+(8+2)=$ ☐

③ $(3+7)+5=$ ☐　　④ $3+(7+5)=$ ☐

---

2 つぎの たし算を くふうして 計算しましょう。　①～② 1もん 15点　③ 1もん 20点

① $82+4+6=$ ☐

② $30+25+5=$ ☐

③ $19+62+1=$ ☐ $=$ ☐

難しかったら、70ページに戻るのよ。

---

3 しんちゃんが こぼしてしまった ケチャップに かくれた 数を 書きましょう。　1つ 10点

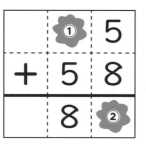

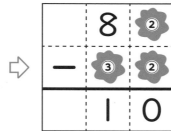

① ⇨ ☐

② ⇨ ☐

③ ⇨ ☐

ちょうしよく がんばったゾ！
おわったら ぶりぶりシールを はろう

74

2年
かくにんテスト①

1 つぎの　たし算を　ひっ算で　しましょう。

①〜⑤　1もん　8点
⑥〜⑨　1もん　15点

① 32＋26

② 83＋6

③ 59＋0

④ 56＋43

⑤ 73＋0

⑥ 44＋3

⑦ 35＋0

⑧ 62＋4

⑨ 45＋21

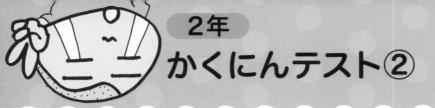

2年
かくにんテスト②

月　日

点

---

1 つぎの たし算を ひっ算で しましょう。

① ～ ⑤　1もん　8点
⑥ ～ ⑨　1もん　15点

① 38+12

② 78+14

③ 56+25

④ 49+32

⑤ 37+46

⑥ 61+19

⑦ 74+16

⑧ 19+37

⑨ 25+55

おわったら ぶりぶり シールを はろう

76

月　日

点

1　つぎの　ひき算を　ひっ算で　しましょう。

①〜⑤　1もん　8点
⑥〜⑨　1もん　15点

① 86-24

② 69-6

③ 58-28

④ 37-2

⑤ 67-34

⑥ 46-36

⑦ 56-25

⑧ 72-32

⑨ 98-5

2年
かくにんテスト④

月　　日

点

---

1 つぎの　ひき算を　ひっ算で　しましょう。

①〜⑤　1もん　8点
⑥〜⑨　1もん　15点

① 66−39

② 38−19

③ 52−48

④ 71−27

⑤ 47−39

⑥ 94−55

⑦ 54−38

⑧ 86−77

⑨ 43−24

ちょうも　よく　がんばったぞ！
おわったら
**ぶりぶり
シール**を
はろう

かくにんテスト⑤

月　日

点

1 つぎの たし算を ひっ算で しましょう。

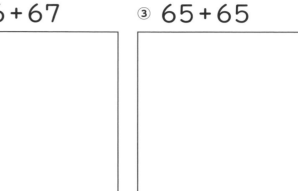

①～⑤ 1もん 8点
⑥～⑨ 1もん 15点

① 58＋59

② 46＋67

③ 65＋65

④ 73＋48

⑤ 39＋62

⑥ 91＋39

⑦ 57＋43

⑧ 83＋69

⑨ 67＋45

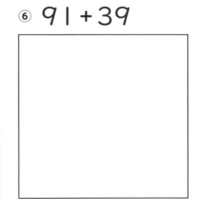

おわったら
ぶりぶり
シールを
はろう

1 つぎの　ひき算を　ひっ算で　しましょう。

①～⑤　1もん　8点
⑥～⑨　1もん　15点

① 134-24

② 121-46

③ 107-69

④ 153-87

⑤ 100-25

⑥ 185-61

⑦ 146-99

⑧ 101-84

⑨ 167-78

おわったら　ぶりぶり　シールを　はろう

答え合わせだゾ！

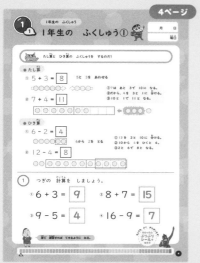

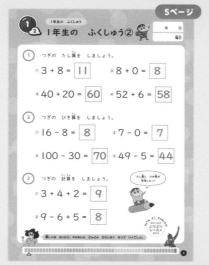

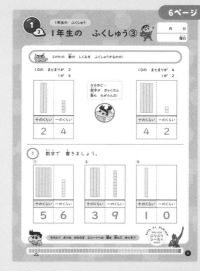

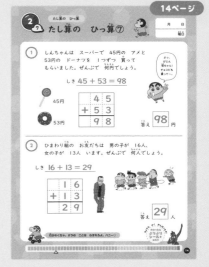

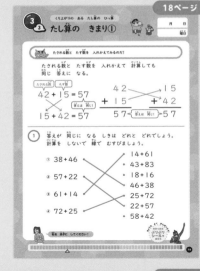

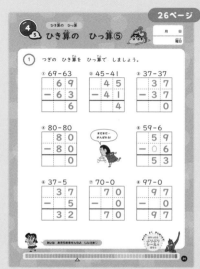

27ページ

④⑥ ひき算の ひっ算⑥　月 日

① つぎの ひき算を ひっ算で しましょう。

点線が なくても できるかな??

① 68-25
```
  6 8
- 2 5
  4 3
```

② 72-52
```
  7 2
- 5 2
  2 0
```

③ 59-4
```
  5 9
-   4
  5 5
```

④ 80-60
```
  8 0
- 6 0
  2 0
```

⑤ 47-41
```
  4 7
- 4 1
    6
```

⑥ 38-0
```
  3 8
-   0
  3 8
```

⑦ 99-99
```
  9 9
- 9 9
    0
```

こんなに できるなんて さすらいだゾゾ！

28ページ

④⑦ ひき算の ひっ算⑦　月 日

① しんちゃんが 48こ 入りの とく大チョコビを 1はこ 買って もらいました。

① 買った その日に 13こ 食べました。のこりは 何こでしょう。

しき 48-13＝35

```
  4 8
- 1 3
  3 5
```
答え 35 こ

② つぎの 日の 朝 おきたら、きのうの チョコビが 5こだけに なって いました。なんと 夜中に ひろしが 食べて しまったのです。ひろしが 食べた 数は 何こでしょう。

しき 35-5＝30

```
  3 5
-   5
  3 0
```
答え 30 こ

30ページ

⑤① くり下がりの ある ひき算の ひっ算①　月 日

① つぎの ひき算を ひっ算で しましょう。

① 52-38
```
  4 10
  5 2
- 3 8
  1 4
```

② 61-17
```
  5 10
  6 1
- 1 7
  4 4
```

③ 45-36
```
  3 10
  4 5
- 3 6
    9
```

④ 18-9
```
  0 10
  1 8
-   9
    9
```

⑤ 70-7
```
  6 10
  7 0
-   7
  6 3
```

十のくらいに 1くり下げた 数を 書いて みると 計算しやすいよ。

1けたの ときは 0を 書いても いいゾ。

31ページ

⑤② くり下がりの ある ひき算の ひっ算②　月 日

① つぎの ひき算を ひっ算で しましょう。

① 38-29
```
  2 10
  3 8
- 2 9
    9
```

② 66-38
```
  5 10
  6 6
- 3 8
  2 8
```

③ 21-15
```
  1 10
  2 1
- 1 5
    6
```

④ 92-86
```
  8 10
  9 2
- 8 6
    6
```

⑤ 38-9
```
  2 10
  3 8
-   9
  2 9
```

⑥ 54-6
```
  4 10
  5 4
-   6
  4 8
```

⑦ 60-8
```
  5 10
  6 0
-   8
  5 2
```

⑧ 40-6
```
  3 10
  4 0
-   6
  3 4
```

32ページ

⑤③ ひき算の きまり　月 日

ひき算の 答えに ひく数を たすと、ひかれる数に なるのだ。

61-27＝34
34+27＝61

```
  6 1        3 4
- 2 7      + 2 7
  3 4        6 1
```

ひき算の 答えは たし算で たしかめる ことが できる。

① つぎの ひき算の ひっ算を しましょう。できたら、たし算で 答えを たしかめましょう。

①
```
  9 6        4 2
- 5 4      + 5 4
  4 2        9 6
```

②
```
  6 3        1 6
- 4 7      + 4 7
  1 6        6 3
```

33ページ

計算パズル③ だれが かくれて いるかな？

答えが 37に なる しきに 青、28に なる しきに 赤、43に なる しきに みどりを ぬろう。

76-34　65-11　72-44　73-46
48-11　51-46　74-37
83-45　84-47　71-34　28-0
66-29　59-22
94-65　78-41　39-12
96-59　82-45　56-19
62-17　75-44　29-15
61-20　55-13　62-18
61-18　78-36　82-39　93-50

— 青　みどり

34ページ

おさらいテスト②　月 日 点

21〜33ページの おさらいだゾ！

① つぎの ひき算を ひっ算で しましょう。

① 27-15
```
  2 7
- 1 5
  1 2
```

② 56-4
```
  5 6
-   4
  5 2
```

③ 38-0
```
  3 8
-   0
  3 8
```

④ 76-59
```
  6 10
  7 6
- 5 9
  1 7
```

⑤ 63-45
```
  5 10
  6 3
- 4 5
  1 8
```

10を ひいて あてはめても いいのよ。

② チョコビで かくれた 数を 書きましょう。

①
```
    6 ★
- 5 4
  1 0
```
★ 4

②
```
  9 7
- 8 ★
  1 0
```
★ 7

36ページ

⑥① 1000までの 数 3けたの 数①　月 日

① つぎの 数を 数字で 書きましょう。

① 100を 2こ、10を 1こ、1を 8こ あわせた 数

百	十	一
2	1	8

② 100を 6こ、10を 3こ、1を 5こ あわせた 数

百	十	一
6	3	5

「0のくらい」は どっちゾ！

② つぎの □に 入る 数字を 書きましょう。

① 427は
100を 4こ
10を 2こ
1を 7こ
あわせた 数

② 831は
100を 8こ
10を 3こ
1を 1こ
あわせた 数

 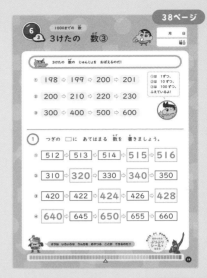

37ページ

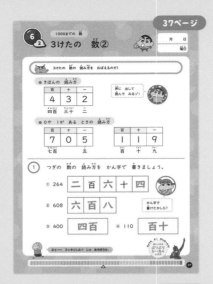

6-2 3けたの 数②

3けたの 数の 読み方を おぼえるのだ！

● きほんの 読み方

百	十	一
4	3	2
四百	三十	二

前に 出して 読んで みるゾ！

● 0や 1が ある ときの 読み方

百	十	一
7	0	5
七百		五

百	十	一
1	1	9
百	十	九

① つぎの 数の 読み方を かん字で 書きましょう。

① 264　二百六十四
② 608　六百八
③ 400　四百　④ 110　百十

38ページ

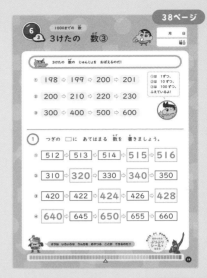

6-3 3けたの 数③

3けたの 数の じゅんじょを おぼえるのだ！

① 198 ⇨ 199 ⇨ 200 ⇨ 201
② 200 ⇨ 210 ⇨ 220 ⇨ 230
③ 300 ⇨ 400 ⇨ 500 ⇨ 600

①は 1ずつ、
②は 10ずつ、
③は 100ずつ
ふえているよ！

① つぎの □ に あてはまる 数を 書きましょう。

① 512 ⇨ 513 ⇨ 514 ⇨ 515 ⇨ 516
② 310 ⇨ 320 ⇨ 330 ⇨ 340 ⇨ 350
③ 420 ⇨ 422 ⇨ 424 ⇨ 426 ⇨ 428
④ 640 ⇨ 645 ⇨ 650 ⇨ 655 ⇨ 660

39ページ

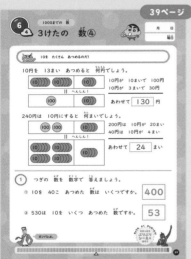

6-4 3けたの 数④

10を たくさん あつめるのだ！

10円を 13まい あつめると 何円でしょう。

10円が 10まいで 100円
10円が 3まいで 30円
｜｜ へんしん！
あわせて 130 円

240円を 10円にすると 何まいでしょう。

200円は 10円が 20まい
40円は 10円が 4まい
｜｜ へんしん！
あわせて 24 まい

① つぎの 数を 数字で 答えましょう。

① 10を 40こ あつめた 数は いくつですか。　400
② 530は 10を いくつ あつめた 数ですか。　53

40ページ

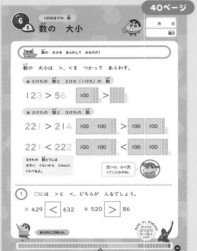

6-5 数の 大小

数の 大小を あらわして みるのだ！

数の 大小は ＞、＜を つかって あらわす。

● 3けたの 数と 2けた（1けた）の 数
123 ＞ 56

● 3けたの 数と 3けたの 数
221 ＞ 214
221 ＜ 222

3けたの 数どうしは 大きい くらいから じゅんに くらべる。

大＞小、小＜大 ってことなのね。

① □には ＞と ＜と、どちらが 入るでしょう。

① 429 ＜ 632　② 520 ＞ 86

41ページ

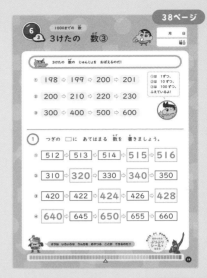

6-6 何十・何百の 計算

何十・何百の 計算を やって みるのだ！

200＋100＝300

60＋50＝110

130－80＝50

10が 10こ あつまると 100に へ〜んしん！

① つぎの 計算を しましょう。

① 300＋600＝ 900　② 700－400＝ 300
③ 90＋50＝ 140　④ 70＋60＝ 130

42ページ

6-7 1000と いう 数

100を 10こ あつめると どうなる？

1000が 10こ あつまった 数

この 数を「千」と いって「1000」と 書く。

4けたに なったゾ！

990　995　1000
991 992 993 994 996 997 998 999

1000は 999より 1 大きい 数。

① つぎの □に あてはまる 数を 数字で 書きましょう。

① 千は 1000 と 書く。
② 千は 百を 10 こ あつめた 数。
③ 千は 999 より 1 大きい 数。

43ページ

計算パズル❸ おすしで まんぷく！

1人 1000円 ぴったりに なるように おすしを 食べるよ。
しんちゃんたちは 何を 食べたかな。□に 金がくを 書こう。
同じ しゅるいの おすしを 2さら えらぶ ことは できないよ。

たまごは はずせないっ！

マグロ サイコー！

やっぱり ウニよね。

320円　150円　200円　350円　300円　270円　330円

（350円）＋（300円）＋（200円）＋（150円）＝ 1000円
（330円）＋（320円）＋（200円）＋（150円）＝ 1000円
（320円）＋（330円）＋（350円）＝ 1000円

44ページ

おさらいテスト③

35〜43ページの おさらいだゾ！

1 つぎの 数を 数字と かん字で 書きましょう。
100を 5こ、10を 7こ、1を 0こ あわせた 数
数字　570　かん字　五百七十

2 □に あてはまる ＞、＜を 書きましょう。
① 246 ＜ 346　② 175 ＞ 97

3 □に あてはまる 数を 書きましょう。
720 ⇨ 730 ⇨ 740 ⇨ 750

4 つぎの 数を 数字で 書きましょう。
600は 10を 60 こ あつめた 数

100を10こ集めた
数を「1000」と
書くのよ。

5 エビフライで かくれた 数を 書きましょう。
① 70 － 🦐 ＝ 40 ⇨ 30
② 🦐 ＋1＝1000 ⇨ 999

84

7-① 百のくらいに くり上がる たし算①

① くり上がりの ある たし算の ひっ算を しましょう。

①73+51

$$\begin{array}{r} 73 \\ +51 \\ \hline 124 \end{array}$$

一のくらいを たす。3＋1＝4
十のくらいを たす。7＋5＝12
百のくらいに くり上がる。1

② つぎの たし算を ひっ算で しましょう。

① 36+83 → 119
② 62+67 → 129
③ 94+55 → 149
④ 80+93 → 173
⑤ 54+61 → 115

7-③ 百のくらいに くり上がる たし算③

① つぎの たし算を ひっ算で しましょう。

① 76+47 → 123
② 39+83 → 122
③ 62+49 → 111
④ 54+57 → 111
⑤ 86+35 → 121
⑥ 48+66 → 114
⑦ 99+13 → 112

7-⑤ 百のくらいに くり上がる たし算⑤

① つぎの たし算を ひっ算で しましょう。

① 57+47 → 104
② 82+39 → 121
③ 48+66 → 114
④ 64+77 → 141
⑤ 8+97 → 105
⑥ 93+9 → 102
⑦ 2+98 → 100
⑧ 96+4 → 100

7-⑥ 3つの 数の たし算

① ぜんぶで 何円に なるでしょう。

96円　78円　23円

$$\begin{array}{r} 96 \\ 78 \\ +23 \\ \hline 197 \end{array}$$

3つの 数だから ここに 数が ふえたのね。

答え 197 円

② 3つの 数の たし算を ひっ算で しましょう。

① 37+24+94 → 155
② 61+33+42 → 136
③ 85+29+33 → 147

計算パズル④ ヒーローカードを 分けよう！

ヒーローカードを 数が 120に なるように わけたよ。―― を 一 で なぞって 分けかたを 書こう。

れい

100	10	60
10	30	30

100＋10＋10＝120
60＋30＋30＝120

ボクは 2まい もらったよ。
わたしは 3まい もらったわ。

ヒーローカード

64	56	23	64
23	64	23	33
33	56	23	18

ネネちゃんと 同じ まい数を もらったよ。
たくさん もらっちゃった。

8-① 百のくらいから くり下がる ひき算①

① つぎの ひき算を ひっ算で しましょう。

① 127-46 → 81
② 135-61 → 74
③ 186-94 → 92
④ 179-86 → 93
⑤ 115-24 → 91
⑥ 137-72 → 65
⑦ 156-93 → 63
⑧ 160-80 → 80

8-③ 百のくらいから くり下がる ひき算③

① つぎの ひき算を ひっ算で しましょう。

① 152-67 → 85
② 143-86 → 57
③ 127-59 → 68
④ 172-94 → 78
⑤ 138-59 → 79
⑥ 117-99 → 18
⑦ 163-77 → 86
⑧ 184-96 → 88

68ページ

10 ① かっこの きまり 計算の くふう　月 日

① つぎの たし算を しましょう。
- ① (5+2)+6 = **13**
- ② 8+(4+3) = **15**
- ③ (7+5)+4 = **16**
- ④ 9+(2+8) = **19**
- ⑤ (6+30)+5 = **41**
- ⑥ 5+(30+6) = **41**

② つぎの □に 入る 数字を 書きましょう。
- ① (**11**+9)+4=24
- ② (8+**22**)+2=32
- ③ (26+9)+**30**=65
- ④ (17+13)+**13**=43

きまりは ぜったいだ！

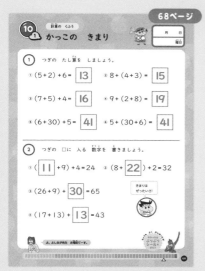

69ページ

10 ② たし算の きまり② 計算の くふう　月 日

たし算は かっこの 順じょを かえて たす じゅんじょを かえても、答えは 同じに なるのだ！

32+45+10を 計算しましょう。
- ● 左に かっこを つける
  (32+45)+10=87
  └77┘
- ● 右に かっこを つける
  32+(45+10)=87
  └55┘

あれれ〜 答えが おんなじだゾ。

① 答えが 同じに なる しきは どれと どれでしょう。計算を しないで 線で むすびましょう。
- ① (29+16)+34　→ 39+(15+34)
- ② (39+41)+34　→ 52+(35+12)
- ③ (52+35)+12　→ 29+(16+34)
- ④ (62+11)+28　→ 62+(11+28)
  39+(41+34)

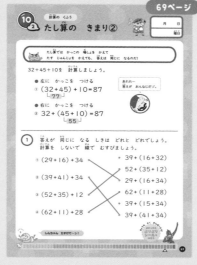

70ページ

10 ③ たし算の くふう 計算の くふう　月 日

たし算の きまりを つかって 計算を らくに するのだ！

● たし算の きまり
- きまり1　たされる数と たす数を 入れかえても 答えは 同じ。
- きまり2　たし算では たす じゅんじょを かえても 答えは 同じ。

きまりを つかうと…
- ① 46+29+1　　46+29+1
  46+(29+1)=76
  └30┘
  で たし算が らくに。
- ② 15+32+5　　15+32+5=32+(15+5)=52
  └20┘
  ②15+32+5=(15+5)+32=52

① つぎの たし算を くふうして 計算しましょう。
- ① 65+3+7 = **75**
- ② 58+16+4 = **78**
- ③ 37+44+3　44+(37+3)／(37+3)+44 = **84**

ヒとヒは きまり1 きまり2 を つかえば〜？

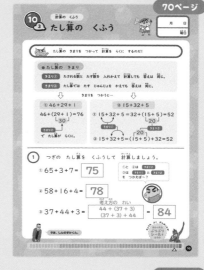

71ページ

10 ④ たし算と ひき算を つかってみよう① 計算の くふう　月 日

① しんちゃんが あいちゃんから ラブレターを 28通 もらいました。
- ① 今月は さらに 36通 もらいました。ラブレターは ぜんぶで 何通でしょう。

```
   2 8
 + 3 6
 ─────
   6 4
```
しき　28+36=64　答え **64** 通

- ② その後、しんちゃんは もらった ラブレターの うち 17通を 読みました。まだ 読んでいない のこりの ラブレターは 何通でしょう。

```
   6 4
 - 1 7
 ─────
   4 7
```
しき　64−17=47　答え **47** 通
(28+36)−17=47

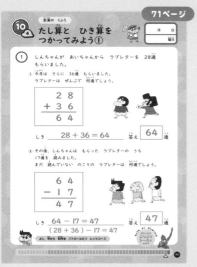

72ページ

10 ⑤ たし算と ひき算を つかってみよう② 計算の くふう　月 日

① しんちゃんは ひろしと みさえと 3人で スーパーに 行きました。
- ① 364円の たまごと 98円の 牛にゅうを 買いものカゴに 入れました。ぜんぶで 何円でしょう。

```
   3 6 4
 +   9 8
 ───────
   4 6 2
```
しき　364+98=462　答え **462** 円

- ② みさえが レジで たまごの わり引きけんを つかったので、たまごが 80円引きに なりました。みさえは スーパーで 何円 はらったでしょう。

```
   4 6 2
 -   8 0
 ───────
   3 8 2
```
しき　462−80=382　答え **382** 円
(364+98)−80=382

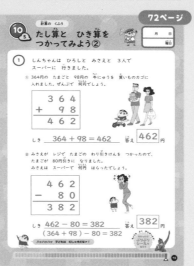

73ページ

計算パズル④
チョコビを あつめろ！

答えの 数が 大きい 道を すすもう。正しい 答えの ほうに ある チョコビは ぜんぶで 何こかな？

しゅっぱつ おしんこ〜！　　たいりょう だゾ！

スタート　　チョコビは ぜんぶで **14** こ　　ゴール

```
  3 2        3 6       1 5 2      1 6 4
+ 4 6      + 4 3      -  9 4      - 7 9
─────      ─────      ─────      ─────
  7 8        7 9         5 8        8 5
```

```
  6 1        5 8        7 5        5 6
- 2 7      - 2 9      + 6 9      + 8 7
─────      ─────      ─────      ─────
  3 4        2 9       1 4 4      1 4 3
```

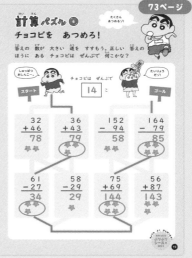

74ページ

おさらいテスト⑤ 68〜73ページの おさらいだゾ！　月 日

1 つぎの たし算を しましょう。　1もん 5てん
- ① (7+8)+2 = **17**
- ② 7+(8+2) = **17**
- ③ (3+7)+5 = **15**
- ④ 3+(7+5) = **15**

2 つぎの たし算を くふうして 計算しましょう。　1もん 5てん
- ① 82+4+6 = **92**
- ② 30+25+5 = **60**
- ③ 19+62+1　(19+1)+62／62+(19+1) = **82**

難しかったら、70ページに 戻るのよ。

3 しんちゃんが こぼしてしまった ケチャップに かくれた 数を 書きましょう。　1こ 10てん
```
  ○ 5           8 ○
+ 5 8         - ○ ○
─────         ─────
  8 ○           1 0
```
① ⇒ **2**
② ⇒ **3**
③ ⇒ **7**

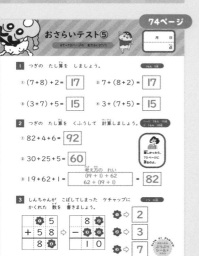

75ページ

2年 かくにんテスト①　月 日

1 つぎの たし算を ひっ算で しましょう。　パート1 1もん 3てん パート2 1もん 11てん
- ① 32+26
```
   3 2
 + 2 6
 ─────
   5 8
```
- ② 83+6
```
   8 3
 +   6
 ─────
   8 9
```
- ③ 59+0
```
   5 9
 +   0
 ─────
   5 9
```
- ④ 56+43
```
   5 6
 + 4 3
 ─────
   9 9
```
- ⑤ 73+0
```
   7 3
 +   0
 ─────
   7 3
```
- ⑥ 44+3
```
   4 4
 +   3
 ─────
   4 7
```
- ⑦ 35+0
```
   3 5
 +   0
 ─────
   3 5
```
- ⑧ 62+4
```
   6 2
 +   4
 ─────
   6 6
```
- ⑨ 45+21
```
   4 5
 + 2 1
 ─────
   6 6
```

76ページ

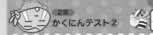

2年 かくにんテスト②

月 日

1 つぎの たし算を ひっ算で しましょう。

① 38+12
```
  3 8
+ 1 2
  5 0
```

② 78+14
```
  7 8
+ 1 4
  9 2
```

③ 56+25
```
  5 6
+ 2 5
  8 1
```

④ 49+32
```
  4 9
+ 3 2
  8 1
```

⑤ 37+46
```
  3 7
+ 4 6
  8 3
```

⑥ 61+19
```
  6 1
+ 1 9
  8 0
```

⑦ 74+16
```
  7 4
+ 1 6
  9 0
```

⑧ 19+37
```
  1 9
+ 3 7
  5 6
```

⑨ 25+55
```
  2 5
+ 5 5
  8 0
```

77ページ

2年 かくにんテスト③

月 日

1 つぎの ひき算を ひっ算で しましょう。

① 86-24
```
  8 6
- 2 4
  6 2
```

② 69-6
```
  6 9
-   6
  6 3
```

③ 58-28
```
  5 8
- 2 8
  3 0
```

④ 37-2
```
  3 7
-   2
  3 5
```

⑤ 67-34
```
  6 7
- 3 4
  3 3
```

⑥ 46-36
```
  4 6
- 3 6
  1 0
```

⑦ 56-25
```
  5 6
- 2 5
  3 1
```

⑧ 72-32
```
  7 2
- 3 2
  4 0
```

⑨ 98-5
```
  9 8
-   5
  9 3
```

78ページ

2年 かくにんテスト④

月 日

1 つぎの ひき算を ひっ算で しましょう。

① 66-39
```
  6 6
- 3 9
  2 7
```

② 38-19
```
  3 8
- 1 9
  1 9
```

③ 52-48
```
  5 2
- 4 8
    4
```

④ 71-27
```
  7 1
- 2 7
  4 4
```

⑤ 47-39
```
  4 7
- 3 9
    8
```

⑥ 94-55
```
  9 4
- 5 5
  3 9
```

⑦ 54-38
```
  5 4
- 3 8
  1 6
```

⑧ 86-77
```
  8 6
- 7 7
    9
```

⑨ 43-24
```
  4 3
- 2 4
  1 9
```

79ページ

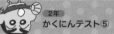

2年 かくにんテスト⑤

月 日

1 つぎの たし算を ひっ算で しましょう。

① 58+59
```
  5 8
+ 5 9
1 1 7
```

② 46+67
```
  4 6
+ 6 7
1 1 3
```

③ 65+65
```
  6 5
+ 6 5
1 3 0
```

④ 73+48
```
  7 3
+ 4 8
1 2 1
```

⑤ 39+62
```
  3 9
+ 6 2
1 0 1
```

⑥ 91+39
```
  9 1
+ 3 9
1 3 0
```

⑦ 57+43
```
  5 7
+ 4 3
1 0 0
```

⑧ 83+69
```
  8 3
+ 6 9
1 5 2
```

⑨ 67+45
```
  6 7
+ 4 5
1 1 2
```

80ページ

2年 かくにんテスト⑥

月 日

1 つぎの ひき算を ひっ算で しましょう。

① 134-24
```
1 3 4
-   2 4
1 1 0
```

② 121-46
```
1 2 1
-   4 6
  7 5
```

③ 107-69
```
1 0 7
-   6 9
  3 8
```

④ 153-87
```
1 5 3
-   8 7
  6 6
```

⑤ 100-25
```
1 0 0
-   2 5
  7 5
```

⑥ 185-61
```
1 8 5
-   6 1
1 2 4
```

⑦ 146-99
```
1 4 6
-   9 9
  4 7
```

⑧ 101-84
```
1 0 1
-   8 4
  1 7
```

⑨ 167-78
```
1 6 7
-   7 8
  8 9
```

修了証（しゅうりょうしょう）

あなたは 「クレヨンしんちゃん 算数（さんすう）ドリル 小学2年生 たし算（ざん）・ひき算（ざん）」の 学習（がくしゅう）を がんばり、 2年生の たし算（ざん）・ひき算（ざん）を マスターした ことを 証（しょう）します。

· さん

たいへん よく できました！ ここに 修了（しゅうりょう）シールを はろう！

年　　月　　日